SUDOKU

100 PUZZLES WITH SOLUTIONS

MULTI LEVEL **BOOK 2**

ISBN: 9781694062857
Copyright © 2019 Tim Bird.

A standard Sudoku puzzle consists of a grid of 9 blocks. Each block contains 9 boxes arranged in 3 rows and 3 columns.

Column			Block			Box		
8	4	1	7	9	6		3	2
			2	5	4	8	1	
6	2	5	3	1		9	4	7
2		8		3	7	4	5	1
3		7	4	8		2	6	9
	5	6	9		1			8
5							2	3
1	6	3	8	4	2	7	9	5
9	7	2	5	6	3	1	8	4

Row

The Basic Rules of Sudoku:

- There's only one solution to a Sudoku puzzle. A puzzle is considered solved when all 81 boxes contain numbers by following the Sudoku rules.
- When you start a game of Sudoku some blocks already have numbers (fewer number make a harder puzzle). These numbers cannot be changed.
- Each column must contain every number from 1 to 9 and no two numbers in the same column can be duplicated.
- Each row must contain every number from 1 to 9 and no two numbers in the same row can be duplicated.
- Each block must contain every number from 1 to 9 and no two numbers in the same block can be duplicated.

Here's the solved puzzle:

8	4	1	7	9	6	5	3	2
7	3	9	2	5	4	8	1	6
6	2	5	3	1	8	9	4	7
2	9	8	6	3	7	4	5	1
3	1	7	4	8	5	2	6	9
4	5	6	9	2	1	3	7	8
5	8	4	1	7	9	6	2	3
1	6	3	8	4	2	7	9	5
9	7	2	5	6	3	1	8	4

Puzzle 1
Easy

6	7	9	8	1	4	5		
4	3	8	5	2	7	1	6	9
2	1	5	3			7	8	4
8	5	4				6		
3	6	1	2	5	8	4	9	7
9	2	7	6	4			5	
5	9					2		8
7	8		4		2	9	1	5
1	4	2	9	8	5	3	7	

Puzzle 2
Easy

3	2	8	7	9		4	5	1
5	9	4	2	3	1	6	8	7
1	7	6	4	8	5	2		3
2	1	5	9	6	3	7	4	8
9	6	3	8	4	7	1	2	5
8	4	7			2	9	3	
	5	1	3	2	9	8		
7	8				4	3		
4	3			7	8	5		

Puzzle 3
Easy

8	9	2	6	5	1		3	
7	6	3	4	2	9		5	
4	1	5	3	8	7	2	9	6
1	7	6	2	9	4		8	
3	5		7	1	8	9	6	2
2	8	9	5	3	6		1	
6	3	7		4	5		2	
9	4	8		6	2		7	
5	2			7	3	6	4	9

Puzzle 4
Easy

4	2	8	9			7	3	
1	6		7	3	2	8	9	4
7	9	3	8		1		2	5
8		2	5		3		6	9
5	3	6	4			1	7	2
9		4	2	1	6	3	5	8
6		7	1	2		5	8	
		1	3		7	9		6
3	8	9	6	5	4	2	1	7

Puzzle 5
Easy

		5		6	8		1	3
2	6	3	1	7	4	9	8	5
	1	8		3	5		4	6
8	2	1	3	4	6	5	7	9
		7	5	2	1	4	6	8
6	5	4	8	9	7	3	2	1
5				8	3	1	9	
				1	9	8	5	
1	8	9	4		2	6	3	7

Puzzle 6
Easy

3		5	7		8	4		
4	9		3		1	5		
8			5		4	3		
9	4	8	2	5	7	6	1	3
5	3	1	6	8	9	2	7	4
7	6	2	1	4	3	8	5	9
2		3	8	1	5	9	4	6
6		9	4		2	1	3	5
1	5	4	9	3	6	7		

Puzzle 7
Easy

5	4	9	2	8	1	6	7	3
8	2	3	6			1	5	4
6	1	7	3	4	5	8	9	2
1	6	4	5	2	3	9	8	7
2	3	5	8			4	6	1
7	9	8					3	5
9				3			2	8
3	8		7			5	4	9
4		2	9	5	8	3	1	6

Puzzle 8
Easy

3	9	1	4	2	8	5	6	
8	7	2	1	5	6	9	4	3
4	5	6	3	9	7	1	8	2
2	6	3				7	5	4
9	4	7	5	6	2	8	3	1
5	1	8	7	4	3	2	9	6
7	2	9	6	3	5	4	1	8
		5			4			9
		4						5

Puzzle 9
Easy

	1	4	7	8	5	3	2	9
9	2	5				8	1	
3	8	7	2	9	1	6	5	4
	6	1		2	8	9	7	3
2	3	9		7	6		4	8
	7	8			9		6	2
8	4	6	9	5	7	2	3	1
7	5	3	8	1	2	4	9	6
1	9						8	5

Puzzle 10
Easy

		2	4		1		6	
6	5			9	8	1		2
1	7		6	2	5	9		8
7	3	1	5	8	6	4	2	9
2	4	5			9	6	8	1
		6	1	4	2			
3	1	9	8	6	4	2	5	7
4	2	7	9	5	3	8	1	6
5	6	8	2	1	7	3	9	4

Puzzle 11
Easy

1	3	2	9	8	4	7	5	6
8	7	5	6	3	2	9	1	4
9	6	4	7	1		3	2	8
5	8	6	2	7	3		9	1
3		1				8	7	2
2		7	8		1	6	3	5
7	5	8						3
	2	3			7		8	9
	1	9	3		8			7

Puzzle 12
Easy

6	4	8	9	3	2	7	1	5
1	9	5			7	6	3	2
3	2	7	5	1	6	9	4	8
7	3	2	1	5	4	8	9	6
5	8	1	7	6	9	3	2	4
4	6	9			3	1		7
		3						9
		4						3
	5	6	3		8	4	7	1

Puzzle 13
Easy

5	8	1	6	7			9	
3	4	2	1	8	9	7	6	5
7	9	6	5	2			8	
1	2	4	9	6	5	8	3	7
	5	3	7	1	2		4	
6	7	9	3		8	5		
4	6	7	2		1	9	5	8
9	3		4	5	7			6
	1	5	8	9	6	3	7	4

Puzzle 14
Easy

5	2	9	7	4		8	1	3
6	4		2	1	8	5	7	
	7	1	9	3	5	6	4	2
	5	7	6		3	4	8	
	8	4	5	7	1	9		
	1	6	8			7	3	5
4	6	2			9	3	5	
1	3	5		6	7	2	9	8
7					2	1	6	4

Puzzle 15
Easy

1	3	7	9	8	5	2		4
			1	6	2	3	8	7
8	6	2	7	3	4	1	5	9
7	4	6	2	1	8	5	9	3
2			5	7	3	6	4	8
		5	4	9	6	7	2	1
			6				3	2
6	7	3	8	2		4	1	
	2	8	3		1	9	7	6

Puzzle 16
Easy

1	7		9	5				
3	6	2	1	4	7	8	9	5
9	5	4	3	6			2	
7	8	5	4	3	6	9	1	2
2	9	3	5	8	1			
4	1	6	7	2	9	5	3	8
6	4		8	1	3	2	5	
5	2	9					8	
8	3	1	2	9	5			

Puzzle 17
Easy

	1	7			3			4
6	3	9	1		8	7	5	2
2	5	4		7		8	3	1
		6	8	9	1	2	4	3
9	4	2	6	3	7	1	8	5
1		3	2	5		9	7	
4	2	1		8	5		6	
	9	8	4	6	2	5	1	7
7	6	5	3	1	9	4	2	8

Puzzle 18
Easy

8	7	2	9	3	6			
6	4	1	5	2	7	8	9	3
3		5	8		4	7	2	6
4	8		7	6	3			2
1	2	6	4	9	5	3		8
7		3	1	8	2	6	4	9
	1	7		4		2	6	
	6		2	7	9		3	
2	3	4	6	5	1	9	8	7

Puzzle 19
Easy

7	8	9	6	3	2	4	1	
1	6	2		5	9	7	3	8
		3	8	7		9	2	
	3	5	7		4	1	6	
	7	1	5	6	3	8	4	
			1		8	5	7	3
			2	8	7	3		1
	1	8	3	4	6	2		7
3	2	7	9	1	5	6	8	4

Puzzle 20
Easy

3		1	6		8		2	9
5		9	1	3	2	6	4	7
6	7	2	5		9	8		3
9	2	5	7		4	1	3	6
1		4	2	9	6	7	8	5
	6	8		5	1	2	9	4
	9	6		2	5	3		1
	5	3			7	9	6	2
2	1	7			3			

Puzzle 21
Easy

9	1		7	5	6	2		4
7		4	2	3	8	1		
	8	2	1	9	4	5	7	3
8	4	9	6	1	3	7	2	5
1	3	7	5	8	2			
5			9	4	7	8	3	1
3			8		1			7
2	7	1	4	6	9	3	5	8
4		8	3	7	5		1	2

Puzzle 22
Easy

1	5	6	9	2	7	4	3	8
8	2	3		1			7	9
7	4	9		8	3		1	2
6		4	8	5		1	2	7
5	8			7			6	3
	7					8	5	4
2	6	8	7				4	1
	1	5	2	4	8	7	9	6
4	9	7	3	6	1	2	8	5

Puzzle 23
Easy

3	1	2		8	9	7	4	6
5		4		7	2	3		8
6		7	4	3	1	2		9
1		8	7	2		4	9	5
4	3		8	1	5	6	7	2
2	7	5					8	3
9	5	1	3			8	2	7
8		3	2		7	5	6	1
7	2	6	1				3	4

Puzzle 24
Easy

7			1	3	8	2	5	6
1	5	8			6	7	3	4
2	6	3	7	5	4	8	1	9
6					2	3		1
3	2				1			8
8	1	7		4	3		9	2
9	7	2	4	6	5	1	8	3
		6	3	1	7	9	2	5
5	3	1			9	4	6	7

Puzzle 25
Easy

		8	4	6	9		7	3
4	7	3	1		8		6	9
		9	7		3		8	4
2	6	5	8	3	4	9	1	7
		4		7	1	3	2	5
3	1	7	2	9		8	4	6
		1	5	4		6	3	2
7	3		9		2	4	5	8
5	4		3	8	6	7	9	1

Puzzle 26
Medium

1	3	5		8		4	2	7
		9	1	5	2			
2	8	6	7	3	4	5	1	9
	2	3	4					
	9		3			2		
8	5			2				
3			5	9	1			2
5	6	8	2	4	7	3	9	1
9	1	2	8	6	3	7	5	4

Puzzle 27
Medium

6			1	8	7		9	
3	9	7	5	2		4	1	8
1				9	4	6	7	
4			2	3	5		6	
5	6	3	9	7	1	8	2	4
			4	6	8		3	
		6	8	4	3		5	
2		5	7	1	9	3		6
		1	6	5	2	9	4	7

Puzzle 28
Medium

5		7	2	9	8	4	6	3
	3		5	6			7	
			3	7			5	
			4	3	7	1		
3	9	1		5			8	
	5		8	1	9	3		6
			7	2	3	5	1	9
1		5	9	4		8		7
9	7	3	1	8	5	6	4	2

Puzzle 29
Medium

2	1				3	9	7	8
	3		1	9		6	5	2
6			7			3	4	1
3		2		1	7	8	6	9
1		6	9	2		4	3	7
			3			1	2	5
5		3		4	1		9	6
		8		3			1	4
4	6	1	2	7	9	5	8	3

Puzzle 30
Medium

		3		1	7	9	2	
6	2	1	4		9	3		
9	7	4			3	6		8
4	9	5	2	3	8	7	6	
3	6	7	9		1	8	4	2
2		8	7			5	3	9
5	4		8			1		3
	8	6	3				9	5
7	3		1		5		8	6

Puzzle 31
Medium

			4	8	5	7	3	6
3	8	7	9	6	1	4	2	5
6	5	4				1		8
	1	8	5	4	6	2	7	3
4	6	3	2	9	7	8	5	1
	7		1	3	8	9	6	4
					4			
	4							
7	3	6	8	1	9	5	4	2

Puzzle 32
Medium

3	2	6	1			7	5	4
4		5	7	6		1	9	3
			3			8	2	6
		8	2	5	1	4	3	9
			6	7		2	8	5
	5		4			6	7	1
			8	3	4	5	1	7
	1	4	9	2	7	3	6	8
8	3		5			9	4	2

Puzzle 33
Medium

3		9	1		8			
4	6			2	5	3		9
	2		3		9			
	9	6		7	2			3
8	4	7	6	3	1	2	9	5
2	3			9	4			
7	8	3		1	6			
9	1	2	4	5	3	6	7	8
6	5	4		8	7		3	

Puzzle 34
Medium

5	4			7	6	8	1	
	2	3		1	8			9
7	1	8		2		3		5
4				9	7	5		6
9			1	6			4	8
2		6	8	4		7	9	1
8		4		5	1	6	2	3
3	9	2	6		4		5	
	6		7	3	2	9	8	4

Puzzle 35
Medium

2	8	4	5		9	7	1	3
9	7	6	8	3	1	4	5	2
1	5	3	4	2	7	8	6	9
4	3	5	2	9	8	6	7	1
7	1	9	6	5	3	2		
6	2	8	7	1	4	9	3	5
		1		8				7

Puzzle 36
Medium

9		2	1	3	4	8	5	7
7	5	3	2	8	6	4	1	9
4	1	8		9	7			3
2	7	9	8	6	3	5	4	1
6	3		4	1		9	7	8
1	8	4	7	5	9	3		
5	9	1	6		8	7	3	

Puzzle 37
Medium

2	9	6	5	4	8	1	7	3
1	8	5	6	3	7	9	4	2
7		4	2	1	9		8	
8	1			5	3		6	4
5	4	2	8	7	6	3	9	1
3	6	9		2		7	5	8
		3						
6		8		9				7
		1						

Puzzle 38
Medium

				3	2		1	8
8		1	9		4		7	2
		2		1			9	
2	1	8	6	4	5	7	3	9
		3	1		7	2	5	4
5	7	4			3	8	6	1
4			3	2		1	8	
1	2	9	8	7			4	
3	8	7	4		1			

Puzzle 39
Medium

1	3			4				
2	4			7				
5	7	9		6			4	
3	1	5		9		4	2	7
6	2	4	7	5	1	3	8	9
9	8	7	4	2	3	6	1	5
8	6	1		3		9		
7	9	3		8			5	
4	5	2	9	1			3	6

Puzzle 40
Medium

2	5	4	7	9	3	8	1	6
8	1	9	6	5	4	2	3	7
3	7	6	2	8	1			5
9	4	1	8	3	5			2
7	3	8		6	2			4
6	2	5					8	3
5	8			1			2	9
	6	2				3		
	9			2				

Puzzle 41
Medium

3	5				8		2	4
	4		2		6		5	3
			5	4	3		1	7
5		4			2	7		
			3		5	4	8	2
		2	7		4			
		8		3	7	1	6	5
4	6	3	8	5	1	2	7	9
1	7	5	6	2	9	3	4	8

Puzzle 42
Medium

	2	5				8	3	
	7	9	2	3	8	5	1	6
8	6	3	1		5			
6	3			9	4	1	5	2
7	4	1	3	5	2		6	8
5	9	2	8			4	7	3
9	8	7	5	2	3		4	1
	5		4	1			8	
	1	4		8				5

Puzzle 43
Medium

1				4		6	7	5
9	7		1		2	3	8	4
3	5	4		7	8		2	1
6	3	2	8	1	7	4	5	9
2	8	5	4	9	1		6	3
4	6	3	7	8	5	1	9	2
7	9	1	2	3	6	5	4	8

Puzzle 44
Medium

	2	9	7				5	1
7		8		2			4	3
		5		1	8	2	9	7
		7				1	2	
	8	1			7	3	6	4
		3		8	1	9	7	5
8	9	6				5	1	2
1	7	2				4	3	6
3	5	4	1	6		7	8	9

Puzzle 45
Medium

	5						6	8
	7						9	5
	9			5			3	2
	2	7		8		3	5	6
5	3	4	2	6	7	9	8	1
	8		5	3		2	7	4
7		3	8	1	5	6	2	9
	1		6	7	2	5	4	3
2	6	5		9		8	1	7

Puzzle 46
Medium

	3	2	9	8		5		
5	1	9	6					8
8	6	7	4	1	5	9	3	2
	9	4	7	5	8	3	6	1
1	8		2	6	4	7	5	
7	5	6			9	8	2	4
9	4	1		7			8	
3	2			9	6			
	7			4	1	2	9	

Puzzle 47
Medium

7	1	4		2		8		9
		3				1		4
6	5	8	4	9		7	2	3
3	4	2				6	9	1
1	8	6	9	3	2	5	4	7
				6	4	3	8	
4	3		8	5	9	2		6
8		9		1	7	4	3	5
				4		9		8

Puzzle 48
Medium

	2		7	9			3	
7	3	4		8	2	1	9	6
		9	6	3		7		
		2	3	1	5	8	4	
4			9		8	2	6	3
	7		2	4	6	9	5	1
1	9	3	4	5	7	6		
2		7	8	6				5
	8			2	3	4	7	9

Puzzle 49
Medium

7		4	1	9				
1		8	5				6	9
		9	2	8		7	1	4
		6	3	1	9	5	7	2
9	7	3	6	5	2	8	4	1
5	1	2	8			9	3	6
2		1	7		5		9	
	9	5	4		8	1	2	7
		7	9	2	1			

Puzzle 50
Medium

8		1	9	3			4	
6	5	3			4		9	
9		4						3
7		6			2	1	3	9
1		9			3			
2	3	5	6	9	1	4	8	7
5	9		4	6	7	3		
4	6		3	1	9			5
3	1	7	2	5	8	9	6	4

Puzzle 51
Hard

	7	8	9			4		
	6		3	8				
						8		
6	3		8	5				
8								3
2	5	4	1	3	6	9	7	8
7		3	5	1	4			
1	4	6	2	9	3	7	8	5
9	2		6	7	8	3		

Puzzle 52
Hard

	5	6				8		1
	2	3	8			6	4	5
1	8			5	6	9		
6						4		
5			6		4	7	1	
4		2				5		6
	6	1	7			3	5	8
3	4	5	1	6	8	2		
8						1	6	4

Puzzle 53
Hard

	6	9	7	8	5	4	2	1
		7	1		9			6
8	5	1	2	6		3	9	7
	7	8						
		5	8		3		6	
	1	4	9					
5	8	3	4	2	6	1	7	9
7	9	2	3			6		

Puzzle 54
Hard

	5		6	1	4	9		7
			8	2		4	6	5
4		6	7	5		1		2
		5		6	1	8	4	3
	4	1			5	7	2	6
			4	7		5	1	9
		4	1	9			5	8
5				4				1
			5					4

Puzzle 55
Hard

3	7	9					2	8
4		1				5		9
		8			7	3	4	1
		4	3		2		1	5
1	3	7					6	2
		2	1				3	4
7		5		2			8	
9	4	6	8				5	7
		3	7			1	9	6

Puzzle 56
Hard

6	9	3	1					7
		7	9			3	1	6
1	5		6	3	7		9	4
3	8	1	7	9				5
	7	6			1	9	3	8
	2		3					1
9	1		5				8	3
7	3		8		9			
	6		4		3	1		9

Puzzle 57
Hard

			3	4	9	1		6
4	1	6	8	5	7	3	9	2
			2	1	6	5		4
3	6		9	2	8			
			4		3			9
	4		1		5			3
			6		1			
1			5		4			
6		4	7		2	9		1

Puzzle 58
Hard

	7	5			8	1	9	6
4	6	2						
8			3			7	2	4
2	1	7	8			5	4	9
6	4	3				2	1	8
9	5	8	1	2	4			
5	3	4	7		2			1
7		9	6			4		
1		6	4					

Puzzle 59
Hard

3	7	4	8	6	2			9
8	5	1	4	7	9	3	6	2
6	9	2	3	5	1			
					3			
7					8			
1		3			7			
5	3	8						7
4	2	6	7	3	5	8	9	1
9	1	7		8			3	

Puzzle 60
Hard

4	1	8		2		3		7
		7	9			1	6	5
		6	7	3	1	8	2	4
2							4	
	8	9	4				1	
	6						3	8
		2				9	5	3
	3	5	8	4	9	2	7	1
		1	3	5	2	4		

Puzzle 61
Hard

5	7			9			2	3
9	3							7
8	1			3			4	
	8	3			6		9	
	6	9			3			
2	5	1	9	8	4	7	3	6
1	2	7	5	4	9	3	6	8
6	9		3	2				
3	4							

Puzzle 62
Hard

								7
						6		5
					8			1
9	4	8	2	6	5	7	1	3
5			1	9	4	8	2	6
	1	6	7	8	3	5	9	4
7			8			4	5	9
	8	9			7	1	6	2
	2	5			9	3	7	8

Puzzle 63
Hard

3	4		6	9	5	2		1
7	9	6				4	8	5
2		1	8	7	4	3	6	9
1		5	9	4		6	2	8
9	8			6	2		1	
		2				9		
5	2	9						
8	1						9	
					9			

Puzzle 64
Hard

	1	4		2	8			3
	8	7	4			5	2	1
							8	6
7				8	4	6		
	6	2	3				4	
1	4	5	6	7	2			
	7	6	8	4		2		9
4	9	1	2	3		8	6	5
	2	8	9		6	7		

Puzzle 65
Hard

		7	6		1		8	5
					8		6	
	5	8			2		9	
7			8		6			
8							7	6
	6				7			8
1	9	6	2	8	4	5	3	7
3	8			7	5	6	4	9
5	7	4	9	6	3	8		

Puzzle 66
Hard

			4					
			7					
		1	2	6				8
			5	9	4	1		7
		1	8	7	6	9		3
7	9		3	2	1	8		
		9	1	5	8	3	7	4
4			6	3	2	5	9	1
1	5	3	9	4	7	6	8	2

Puzzle 67
Hard

1				6	4	7		
	6	2	1					8
					9	1	6	
	7		5	9			1	
2	4	6	7	3	1	5	8	
9	5	1	4			3		
	9	7	3	4	8			
	2		9	1	7			5
8	1					9	4	7

Puzzle 68
Hard

4		7					6	
	9	5		6			7	
	2	6			1		5	
	8	4		2	6	7	9	
7		2	9	8		4	1	6
6		9				8	2	
5	6	8		1	7	2	4	9
	4	1						
	7	3	6	4	9	5	8	1

Puzzle 69
Hard

5				8	7	3	1	9
				1	5	7	8	
1				9		5	4	
3				2	4	6	5	
		1			8	9		4
4						8	2	
7				3			6	8
8	2	4				1		3
6	1	3	8	4	9	2	7	5

Puzzle 70
Hard

	1	5	8	6	2			
8	2		9		3	5	1	6
		6		1	4	2	8	
5		1	6					
		3	4			8	6	5
6		2					9	1
4	5	8	1			6		
2						1		4
1	3		2		6		5	8

Puzzle 71
Hard

	2							
5	6		8	1		3	7	2
	3							6
		1	4		3	2	6	5
2		5	6			1		
6	4	3		2		8		7
3	1	6	9	5	7			8
8	9	7		4		6	5	
4	5	2				7		9

Puzzle 72
Hard

4		5	3		9	1		8
8	9	3			5		6	
		1			8	5	3	9
1	8		5	3				
	4		9		2	3	1	
5	3	2	7	1	6	9	8	4
	1	4		9				
	5				1		9	
9					3		4	1

Puzzle 73
Hard

		9	4	6	3	8	2	7
			5	8	7	4	9	1
8	7	4	1	9	2			5
9			8	5	1			
		1	9	3	6		8	
		8	2	7		1		9
		5		1			4	6
4			6	2	5		1	
				4				

Puzzle 74
Hard

6	2	8	7		9	4	3	5
	7	5	8				9	
		4	5				7	8
		1						9
		7		8				
		2	9	6	1	7		3
		6		9		8	1	7
7	1	3	6	5	8	9	2	4
		9	1			3	5	6

Puzzle 75
Hard

3	7		6			2	5	
5					4	6		
	1	6	5	2	3	9		
	9	1	2		5			6
7	6					5		
2					6		9	
6	4	7	1	9	2			5
9			4	6	8	1		
1	8	2	3	5		4	6	9

Puzzle 76
Fiendish

1			5		2	4		8
	2	4	3		9			
			4		8		2	9
					3	6		4
	4			9	7	2	1	
					6			
9			6		5	7	4	
		2		8		9		1
4			9		1			6

Puzzle 77
Fiendish

1	8			7				
4	5				6			1
7	9				4			5
6	1		2	4	3			8
3						1		
8		7	9	5			3	
5	6						1	
2	3	1						
9	7							

Puzzle 78
Fiendish

		9	4		5			
				9	3	5		
5		3	2		1		4	
	3		1		2			
			7		9			
	9	5	6	3	8		2	4
			9		6	4	5	
	4		5	8	7	2		

```
. . . | . . . | . . .
6 7 8 | 2 5 3 | 9 4 .
. 4 . | . . . | . . 6
------+-------+------
8 . 7 | . 2 . | 4 6 5
. . . | . . 4 | . 2 .
. . . | . 8 . | . 9 3
------+-------+------
. 8 . | . . 2 | 6 1 4
. 2 . | . . 5 | . . 9
. . . | . . 8 | 5 7 2
```

```
5 . . | 3 . . | . 2 .
. . . | 2 6 . | . . .
. . . | 5 . . | . . .
------+-------+------
. . . | . . . | 5 . 9
. 9 . | 6 . 5 | . . .
1 5 4 | . 9 7 | . . .
------+-------+------
. 2 . | 5 8 . | . . .
. 1 . | 9 7 . | 8 5 2
7 8 5 | 1 6 2 | 3 9 4
```

Puzzle 81
Fiendish

8					2			7
5								
9	7							
4	1	9	8	5	3	7	2	6
6	5	7	2	4	9			3
3	2	8	1	6	7	4	5	9
2								
	9	5	3		8			

Puzzle 82
Fiendish

4				6		8		
					5	6	1	7
	6			1	8	3		
3	2	7	1	8	6			
9		4		3	7		6	8
							7	3
			8		1			2
						7		6
			6			9		1

Puzzle 83
Fiendish

			3					
8		4	6		5			
		2	8					
			2	5	6	3	4	
		6	4	8				
	4		7			8	6	
	1		5	6	2	4		9
4		9	1	7		5	2	
6	2		9					

Puzzle 84
Fiendish

				7	1			
	1			3				
		9	6	1	4	8		
8				9	2			1
	3		4	2	6			
2		7	1	8	5			
4		3	7	5	9	1		
	2		9	1	3			
			6					

Puzzle 85
Fiendish

2	8		1		7	5		3
4	7	3			2	8		1
1		5	3	4	8	7	6	
3						1		4
8		4	7					9
9	5	1			3			
		2		3				
	3		2					

Puzzle 86
Fiendish

2	8					4	7	1
							9	5
5	9			7			2	3
				4		5		8
							3	6
3	5			1			4	7
		5		8			6	2
6	3	7	4			1		9
8			7			3	5	

Puzzle 87
Fiendish

				9	3			
8	9		6	2	4	7	1	5
6	7							3
					6	3		
	3		9		2			
5			2	3	7		9	
9	4	7			5		3	2
	2				9			7

Puzzle 88
Fiendish

9				6	2			5
6	7	4	8	3		1		
3	5	2	4	1	9	7	8	6
		6				2	5	7
			5		4			
5				7	6			
		5		2				
				4		5		
				5				

Puzzle 89
Fiendish

Puzzle 90
Fiendish

Puzzle 91
Fiendish

2		3	6					
6		4					7	2
8	9	7		5			6	3
9	4	8		7	6			
1	3	5				6		7
7	2	6				8		9
	6	9						
				3				6
				6				

Puzzle 92
Fiendish

	9	6	8	4				5
2	7		1			4	8	
	4							
	2		4					
	5		2					
4	6	1	3			2		9
9	8	2	7	1	4			
6	1	4					7	2
5	3	7		2				

Puzzle 93
Fiendish

		9	7	4				
6						4		
1	4		9					
4		1	8		7		6	
7								4
2			5		4			
9	6	4					1	
5	7	2	6	1	8		4	
		1	4	7	9	2	5	6

Puzzle 94
Fiendish

			3			4		
			1	7		8		
				8		3		
			4					
3	1	4						8
			8	3				4
1			5	4	3		8	
			7	1	6		4	
4	7	5	2	9	8	6	3	1

Puzzle 95
Fiendish

		4			8	7	5	1
2	9				4			
1					3	9	2	4
7	6	1			9			
5	2	3					1	9
8	4							7
						1	9	
	1	2		4	6	8	7	5

Puzzle 96
Fiendish

		3	5	4			2	
	7			6	2	1	3	
				3	1	9		
3		9	2	7	6	4		
	2	6	4		8	3		
	4		3		5			
				5				3
				8	3			
	3			2		5	4	6

Puzzle 97
Fiendish

7								
		2	6					9
1			3	8				
	7			5			2	
		1		2				7
2	4	5				6		
	2	7	9	3		1	4	6
		6		1	4	2		
4	1	3		6				

Puzzle 98
Fiendish

	4						2	
	8							
2	6			1		4		3
6	3	7		2		5		9
8	9	2						4
4		1					6	2
9	2	4		7	5	3		
5	1	6						
		7						

Puzzle 99
Fiendish

4	6							
		8			4	5	6	
	9		6			4		
6	8	1			5		7	4
	7			8	6	1		5
		4	7			2		6
1		6	8			3		9
8				6				
						6		8

Puzzle 100
Fiendish

8	3	1				4	6	2
9	7	2	1	4	6	3		
5	4	6			2	9	7	1
	8					2		
	5		2					
	2					7		
	9		5	2				
2		8		9		5		
		5					2	9

Solutions

Puzzle 1

6	7	9	8	1	4	5	2	3
4	3	8	5	2	7	1	6	9
2	1	5	3	6	9	7	8	4
8	5	4	7	9	1	6	3	2
3	6	1	2	5	8	4	9	7
9	2	7	6	4	3	8	5	1
5	9	3	1	7	6	2	4	8
7	8	6	4	3	2	9	1	5
1	4	2	9	8	5	3	7	6

Puzzle 2

3	2	8	7	9	6	4	5	1
5	9	4	2	3	1	6	8	7
1	7	6	4	8	5	2	9	3
2	1	5	9	6	3	7	4	8
9	6	3	8	4	7	1	2	5
8	4	7	1	5	2	9	3	6
6	5	1	3	2	9	8	7	4
7	8	2	5	1	4	3	6	9
4	3	9	6	7	8	5	1	2

Puzzle 3

8	9	2	6	5	1	4	3	7
7	6	3	4	2	9	1	5	8
4	1	5	3	8	7	2	9	6
1	7	6	2	9	4	3	8	5
3	5	4	7	1	8	9	6	2
2	8	9	5	3	6	7	1	4
6	3	7	9	4	5	8	2	1
9	4	8	1	6	2	5	7	3
5	2	1	8	7	3	6	4	9

Puzzle 4

4	2	8	9	6	5	7	3	1
1	6	5	7	3	2	8	9	4
7	9	3	8	4	1	6	2	5
8	1	2	5	7	3	4	6	9
5	3	6	4	9	8	1	7	2
9	7	4	2	1	6	3	5	8
6	4	7	1	2	9	5	8	3
2	5	1	3	8	7	9	4	6
3	8	9	6	5	4	2	1	7

Puzzle 5

4	9	5	2	6	8	7	1	3
2	6	3	1	7	4	9	8	5
7	1	8	9	3	5	2	4	6
8	2	1	3	4	6	5	7	9
9	3	7	5	2	1	4	6	8
6	5	4	8	9	7	3	2	1
5	4	6	7	8	3	1	9	2
3	7	2	6	1	9	8	5	4
1	8	9	4	5	2	6	3	7

Puzzle 6

3	1	5	7	6	8	4	9	2
4	9	6	3	2	1	5	8	7
8	2	7	5	9	4	3	6	1
9	4	8	2	5	7	6	1	3
5	3	1	6	8	9	2	7	4
7	6	2	1	4	3	8	5	9
2	7	3	8	1	5	9	4	6
6	8	9	4	7	2	1	3	5
1	5	4	9	3	6	7	2	8

Puzzle 7

5	4	9	2	8	1	6	7	3
8	2	3	6	7	9	1	5	4
6	1	7	3	4	5	8	9	2
1	6	4	5	2	3	9	8	7
2	3	5	8	9	7	4	6	1
7	9	8	1	6	4	2	3	5
9	5	1	4	3	6	7	2	8
3	8	6	7	1	2	5	4	9
4	7	2	9	5	8	3	1	6

Puzzle 8

3	9	1	4	2	8	5	6	7
8	7	2	1	5	6	9	4	3
4	5	6	3	9	7	1	8	2
2	6	3	8	1	9	7	5	4
9	4	7	5	6	2	8	3	1
5	1	8	7	4	3	2	9	6
7	2	9	6	3	5	4	1	8
1	3	5	2	8	4	6	7	9
6	8	4	9	7	1	3	2	5

Puzzle 9

6	1	4	7	8	5	3	2	9
9	2	5	4	6	3	8	1	7
3	8	7	2	9	1	6	5	4
4	6	1	5	2	8	9	7	3
2	3	9	1	7	6	5	4	8
5	7	8	3	4	9	1	6	2
8	4	6	9	5	7	2	3	1
7	5	3	8	1	2	4	9	6
1	9	2	6	3	4	7	8	5

Puzzle 10

8	9	2	4	3	1	7	6	5
6	5	3	7	9	8	1	4	2
1	7	4	6	2	5	9	3	8
7	3	1	5	8	6	4	2	9
2	4	5	3	7	9	6	8	1
9	8	6	1	4	2	5	7	3
3	1	9	8	6	4	2	5	7
4	2	7	9	5	3	8	1	6
5	6	8	2	1	7	3	9	4

Puzzle 11

1	3	2	9	8	4	7	5	6
8	7	5	6	3	2	9	1	4
9	6	4	7	1	5	3	2	8
5	8	6	2	7	3	4	9	1
3	4	1	5	6	9	8	7	2
2	9	7	8	4	1	6	3	5
7	5	8	1	9	6	2	4	3
6	2	3	4	5	7	1	8	9
4	1	9	3	2	8	5	6	7

Puzzle 12

6	4	8	9	3	2	7	1	5
1	9	5	4	8	7	6	3	2
3	2	7	5	1	6	9	4	8
7	3	2	1	5	4	8	9	6
5	8	1	7	6	9	3	2	4
4	6	9	8	2	3	1	5	7
8	7	3	2	4	1	5	6	9
9	1	4	6	7	5	2	8	3
2	5	6	3	9	8	4	7	1

Puzzle 13

5	8	1	6	7	3	4	9	2
3	4	2	1	8	9	7	6	5
7	9	6	5	2	4	1	8	3
1	2	4	9	6	5	8	3	7
8	5	3	7	1	2	6	4	9
6	7	9	3	4	8	5	2	1
4	6	7	2	3	1	9	5	8
9	3	8	4	5	7	2	1	6
2	1	5	8	9	6	3	7	4

Puzzle 14

5	2	9	7	4	6	8	1	3
6	4	3	2	1	8	5	7	9
8	7	1	9	3	5	6	4	2
2	5	7	6	9	3	4	8	1
3	8	4	5	7	1	9	2	6
9	1	6	8	2	4	7	3	5
4	6	2	1	8	9	3	5	7
1	3	5	4	6	7	2	9	8
7	9	8	3	5	2	1	6	4

Puzzle 15

1	3	7	9	8	5	2	6	4
4	5	9	1	6	2	3	8	7
8	6	2	7	3	4	1	5	9
7	4	6	2	1	8	5	9	3
2	9	1	5	7	3	6	4	8
3	8	5	4	9	6	7	2	1
9	1	4	6	5	7	8	3	2
6	7	3	8	2	9	4	1	5
5	2	8	3	4	1	9	7	6

Puzzle 16

1	7	8	9	5	2	3	4	6
3	6	2	1	4	7	8	9	5
9	5	4	3	6	8	7	2	1
7	8	5	4	3	6	9	1	2
2	9	3	5	8	1	4	6	7
4	1	6	7	2	9	5	3	8
6	4	7	8	1	3	2	5	9
5	2	9	6	7	4	1	8	3
8	3	1	2	9	5	6	7	4

Puzzle 17

8	1	7	5	2	3	6	9	4
6	3	9	1	4	8	7	5	2
2	5	4	9	7	6	8	3	1
5	7	6	8	9	1	2	4	3
9	4	2	6	3	7	1	8	5
1	8	3	2	5	4	9	7	6
4	2	1	7	8	5	3	6	9
3	9	8	4	6	2	5	1	7
7	6	5	3	1	9	4	2	8

Puzzle 18

8	7	2	9	3	6	5	1	4
6	4	1	5	2	7	8	9	3
3	9	5	8	1	4	7	2	6
4	8	9	7	6	3	1	5	2
1	2	6	4	9	5	3	7	8
7	5	3	1	8	2	6	4	9
9	1	7	3	4	8	2	6	5
5	6	8	2	7	9	4	3	1
2	3	4	6	5	1	9	8	7

Puzzle 19

7	8	9	6	3	2	4	1	5
1	6	2	4	5	9	7	3	8
4	5	3	8	7	1	9	2	6
8	3	5	7	2	4	1	6	9
9	7	1	5	6	3	8	4	2
2	4	6	1	9	8	5	7	3
6	9	4	2	8	7	3	5	1
5	1	8	3	4	6	2	9	7
3	2	7	9	1	5	6	8	4

Puzzle 20

3	4	1	6	7	8	5	2	9
5	8	9	1	3	2	6	4	7
6	7	2	5	4	9	8	1	3
9	2	5	7	8	4	1	3	6
1	3	4	2	9	6	7	8	5
7	6	8	3	5	1	2	9	4
4	9	6	8	2	5	3	7	1
8	5	3	4	1	7	9	6	2
2	1	7	9	6	3	4	5	8

Puzzle 21

9	1	3	7	5	6	2	8	4
7	5	4	2	3	8	1	6	9
6	8	2	1	9	4	5	7	3
8	4	9	6	1	3	7	2	5
1	3	7	5	8	2	4	9	6
5	2	6	9	4	7	8	3	1
3	6	5	8	2	1	9	4	7
2	7	1	4	6	9	3	5	8
4	9	8	3	7	5	6	1	2

Puzzle 22

1	5	6	9	2	7	4	3	8
8	2	3	5	1	4	6	7	9
7	4	9	6	8	3	5	1	2
6	3	4	8	5	9	1	2	7
5	8	1	4	7	2	9	6	3
9	7	2	1	3	6	8	5	4
2	6	8	7	9	5	3	4	1
3	1	5	2	4	8	7	9	6
4	9	7	3	6	1	2	8	5

Puzzle 23

3	1	2	5	8	9	7	4	6
5	9	4	6	7	2	3	1	8
6	8	7	4	3	1	2	5	9
1	6	8	7	2	3	4	9	5
4	3	9	8	1	5	6	7	2
2	7	5	9	4	6	1	8	3
9	5	1	3	6	4	8	2	7
8	4	3	2	9	7	5	6	1
7	2	6	1	5	8	9	3	4

Puzzle 24

7	4	9	1	3	8	2	5	6
1	5	8	2	9	6	7	3	4
2	6	3	7	5	4	8	1	9
6	9	4	5	8	2	3	7	1
3	2	5	9	7	1	6	4	8
8	1	7	6	4	3	5	9	2
9	7	2	4	6	5	1	8	3
4	8	6	3	1	7	9	2	5
5	3	1	8	2	9	4	6	7

Puzzle 25

1	2	8	4	6	9	5	7	3
4	7	3	1	5	8	2	6	9
6	5	9	7	2	3	1	8	4
2	6	5	8	3	4	9	1	7
8	9	4	6	7	1	3	2	5
3	1	7	2	9	5	8	4	6
9	8	1	5	4	7	6	3	2
7	3	6	9	1	2	4	5	8
5	4	2	3	8	6	7	9	1

Puzzle 26

1	3	5	6	8	9	4	2	7
4	7	9	1	5	2	6	3	8
2	8	6	7	3	4	5	1	9
7	2	3	4	1	5	9	8	6
6	9	1	3	7	8	2	4	5
8	5	4	9	2	6	1	7	3
3	4	7	5	9	1	8	6	2
5	6	8	2	4	7	3	9	1
9	1	2	8	6	3	7	5	4

Puzzle 27

6	5	4	1	8	7	2	9	3
3	9	7	5	2	6	4	1	8
1	2	8	3	9	4	6	7	5
4	8	9	2	3	5	7	6	1
5	6	3	9	7	1	8	2	4
7	1	2	4	6	8	5	3	9
9	7	6	8	4	3	1	5	2
2	4	5	7	1	9	3	8	6
8	3	1	6	5	2	9	4	7

Puzzle 28

5	1	7	2	9	8	4	6	3
4	3	2	5	6	1	9	7	8
6	8	9	3	7	4	2	5	1
2	6	8	4	3	7	1	9	5
3	9	1	6	5	2	7	8	4
7	5	4	8	1	9	3	2	6
8	4	6	7	2	3	5	1	9
1	2	5	9	4	6	8	3	7
9	7	3	1	8	5	6	4	2

Puzzle 29

2	1	4	6	5	3	9	7	8
8	3	7	1	9	4	6	5	2
6	9	5	7	8	2	3	4	1
3	5	2	4	1	7	8	6	9
1	8	6	9	2	5	4	3	7
7	4	9	3	6	8	1	2	5
5	2	3	8	4	1	7	9	6
9	7	8	5	3	6	2	1	4
4	6	1	2	7	9	5	8	3

Puzzle 30

8	5	3	6	1	7	9	2	4
6	2	1	4	8	9	3	5	7
9	7	4	5	2	3	6	1	8
4	9	5	2	3	8	7	6	1
3	6	7	9	5	1	8	4	2
2	1	8	7	4	6	5	3	9
5	4	9	8	6	2	1	7	3
1	8	6	3	7	4	2	9	5
7	3	2	1	9	5	4	8	6

Puzzle 31

1	2	9	4	8	5	7	3	6
3	8	7	9	6	1	4	2	5
6	5	4	3	7	2	1	9	8
9	1	8	5	4	6	2	7	3
4	6	3	2	9	7	8	5	1
2	7	5	1	3	8	9	6	4
5	9	1	6	2	4	3	8	7
8	4	2	7	5	3	6	1	9
7	3	6	8	1	9	5	4	2

Puzzle 32

3	2	6	1	8	9	7	5	4
4	8	5	7	6	2	1	9	3
1	7	9	3	4	5	8	2	6
7	6	8	2	5	1	4	3	9
9	4	1	6	7	3	2	8	5
2	5	3	4	9	8	6	7	1
6	9	2	8	3	4	5	1	7
5	1	4	9	2	7	3	6	8
8	3	7	5	1	6	9	4	2

Puzzle 33

3	7	9	1	4	8	5	2	6
4	6	1	7	2	5	3	8	9
5	2	8	3	6	9	4	1	7
1	9	6	5	7	2	8	4	3
8	4	7	6	3	1	2	9	5
2	3	5	8	9	4	7	6	1
7	8	3	2	1	6	9	5	4
9	1	2	4	5	3	6	7	8
6	5	4	9	8	7	1	3	2

Puzzle 34

5	4	9	3	7	6	8	1	2
6	2	3	5	1	8	4	7	9
7	1	8	4	2	9	3	6	5
4	8	1	2	9	7	5	3	6
9	3	7	1	6	5	2	4	8
2	5	6	8	4	3	7	9	1
8	7	4	9	5	1	6	2	3
3	9	2	6	8	4	1	5	7
1	6	5	7	3	2	9	8	4

Puzzle 35

2	8	4	5	6	9	7	1	3
9	7	6	8	3	1	4	5	2
1	5	3	4	2	7	8	6	9
4	3	5	2	9	8	6	7	1
7	1	9	6	5	3	2	4	8
6	2	8	7	1	4	9	3	5
3	4	1	9	8	6	5	2	7
5	9	7	1	4	2	3	8	6
8	6	2	3	7	5	1	9	4

Puzzle 36

9	6	2	1	3	4	8	5	7
7	5	3	2	8	6	4	1	9
4	1	8	5	9	7	2	6	3
2	7	9	8	6	3	5	4	1
6	3	5	4	1	2	9	7	8
1	8	4	7	5	9	3	2	6
3	2	6	9	7	5	1	8	4
8	4	7	3	2	1	6	9	5
5	9	1	6	4	8	7	3	2

Puzzle 37

2	9	6	5	4	8	1	7	3
1	8	5	6	3	7	9	4	2
7	3	4	2	1	9	5	8	6
8	1	7	9	5	3	2	6	4
5	4	2	8	7	6	3	9	1
3	6	9	1	2	4	7	5	8
4	2	3	7	6	5	8	1	9
6	5	8	3	9	1	4	2	7
9	7	1	4	8	2	6	3	5

Puzzle 38

6	9	5	7	3	2	4	1	8
8	3	1	9	6	4	5	7	2
7	4	2	5	1	8	6	9	3
2	1	8	6	4	5	7	3	9
9	6	3	1	8	7	2	5	4
5	7	4	2	9	3	8	6	1
4	5	6	3	2	9	1	8	7
1	2	9	8	7	6	3	4	5
3	8	7	4	5	1	9	2	6

Puzzle 39

1	3	6	5	4	8	7	9	2
2	4	8	1	7	9	5	6	3
5	7	9	3	6	2	1	4	8
3	1	5	8	9	6	4	2	7
6	2	4	7	5	1	3	8	9
9	8	7	4	2	3	6	1	5
8	6	1	2	3	5	9	7	4
7	9	3	6	8	4	2	5	1
4	5	2	9	1	7	8	3	6

Puzzle 40

2	5	4	7	9	3	8	1	6
8	1	9	6	5	4	2	3	7
3	7	6	2	8	1	4	9	5
9	4	1	8	3	5	6	7	2
7	3	8	1	6	2	9	5	4
6	2	5	9	4	7	1	8	3
5	8	3	4	1	6	7	2	9
1	6	2	5	7	9	3	4	8
4	9	7	3	2	8	5	6	1

Puzzle 41

3	5	6	1	7	8	9	2	4
7	4	1	2	9	6	8	5	3
2	8	9	5	4	3	6	1	7
5	1	4	9	8	2	7	3	6
6	9	7	3	1	5	4	8	2
8	3	2	7	6	4	5	9	1
9	2	8	4	3	7	1	6	5
4	6	3	8	5	1	2	7	9
1	7	5	6	2	9	3	4	8

Puzzle 42

1	2	5	6	4	9	8	3	7
4	7	9	2	3	8	5	1	6
8	6	3	1	7	5	2	9	4
6	3	8	7	9	4	1	5	2
7	4	1	3	5	2	9	6	8
5	9	2	8	6	1	4	7	3
9	8	7	5	2	3	6	4	1
2	5	6	4	1	7	3	8	9
3	1	4	9	8	6	7	2	5

Puzzle 43

1	2	8	3	4	9	6	7	5
9	7	6	1	5	2	3	8	4
3	5	4	6	7	8	9	2	1
5	1	7	9	2	4	8	3	6
8	4	9	5	6	3	2	1	7
6	3	2	8	1	7	4	5	9
2	8	5	4	9	1	7	6	3
4	6	3	7	8	5	1	9	2
7	9	1	2	3	6	5	4	8

Puzzle 44

4	2	9	7	3	6	8	5	1
7	1	8	5	2	9	6	4	3
6	3	5	4	1	8	2	9	7
5	6	7	9	4	3	1	2	8
9	8	1	2	5	7	3	6	4
2	4	3	6	8	1	9	7	5
8	9	6	3	7	4	5	1	2
1	7	2	8	9	5	4	3	6
3	5	4	1	6	2	7	8	9

Puzzle 45

3	5	1	7	2	9	4	6	8
6	7	2	3	4	8	1	9	5
4	9	8	1	5	6	7	3	2
1	2	7	9	8	4	3	5	6
5	3	4	2	6	7	9	8	1
9	8	6	5	3	1	2	7	4
7	4	3	8	1	5	6	2	9
8	1	9	6	7	2	5	4	3
2	6	5	4	9	3	8	1	7

Puzzle 46

4	3	2	9	8	7	5	1	6
5	1	9	6	2	3	4	7	8
8	6	7	4	1	5	9	3	2
2	9	4	7	5	8	3	6	1
1	8	3	2	6	4	7	5	9
7	5	6	1	3	9	8	2	4
9	4	1	3	7	2	6	8	5
3	2	5	8	9	6	1	4	7
6	7	8	5	4	1	2	9	3

Puzzle 47

7	1	4	3	2	6	8	5	9
2	9	3	5	7	8	1	6	4
6	5	8	4	9	1	7	2	3
3	4	2	7	8	5	6	9	1
1	8	6	9	3	2	5	4	7
9	7	5	1	6	4	3	8	2
4	3	1	8	5	9	2	7	6
8	2	9	6	1	7	4	3	5
5	6	7	2	4	3	9	1	8

Puzzle 48

6	2	1	7	9	4	5	3	8
7	3	4	5	8	2	1	9	6
8	5	9	6	3	1	7	2	4
9	6	2	3	1	5	8	4	7
4	1	5	9	7	8	2	6	3
3	7	8	2	4	6	9	5	1
1	9	3	4	5	7	6	8	2
2	4	7	8	6	9	3	1	5
5	8	6	1	2	3	4	7	9

Puzzle 49

7	6	4	1	9	3	2	5	8
1	2	8	5	4	7	3	6	9
3	5	9	2	8	6	7	1	4
8	4	6	3	1	9	5	7	2
9	7	3	6	5	2	8	4	1
5	1	2	8	7	4	9	3	6
2	8	1	7	6	5	4	9	3
6	9	5	4	3	8	1	2	7
4	3	7	9	2	1	6	8	5

Puzzle 50

8	2	1	9	3	5	7	4	6
6	5	3	1	7	4	2	9	8
9	7	4	8	2	6	5	1	3
7	4	6	5	8	2	1	3	9
1	8	9	7	4	3	6	5	2
2	3	5	6	9	1	4	8	7
5	9	8	4	6	7	3	2	1
4	6	2	3	1	9	8	7	5
3	1	7	2	5	8	9	6	4

Puzzle 51

3	7	8	9	2	1	4	5	6
4	6	2	3	8	5	1	9	7
5	1	9	4	6	7	8	3	2
6	3	7	8	5	9	2	1	4
8	9	1	7	4	2	5	6	3
2	5	4	1	3	6	9	7	8
7	8	3	5	1	4	6	2	9
1	4	6	2	9	3	7	8	5
9	2	5	6	7	8	3	4	1

Puzzle 52

7	5	6	4	9	2	8	3	1
9	2	3	8	1	7	6	4	5
1	8	4	3	5	6	9	2	7
6	1	7	2	8	5	4	9	3
5	9	8	6	3	4	7	1	2
4	3	2	9	7	1	5	8	6
2	6	1	7	4	9	3	5	8
3	4	5	1	6	8	2	7	9
8	7	9	5	2	3	1	6	4

Puzzle 53

3	6	9	7	8	5	4	2	1
2	4	7	1	3	9	5	8	6
8	5	1	2	6	4	3	9	7
4	7	8	6	9	1	2	5	3
1	2	5	8	7	3	9	6	4
9	3	6	5	4	2	7	1	8
6	1	4	9	5	7	8	3	2
5	8	3	4	2	6	1	7	9
7	9	2	3	1	8	6	4	5

Puzzle 54

2	5	8	6	1	4	9	3	7
1	9	7	8	2	3	4	6	5
4	3	6	7	5	9	1	8	2
7	2	5	9	6	1	8	4	3
9	4	1	3	8	5	7	2	6
6	8	3	4	7	2	5	1	9
3	7	4	1	9	6	2	5	8
5	6	9	2	4	8	3	7	1
8	1	2	5	3	7	6	9	4

Puzzle 55

3	7	9	4	1	5	6	2	8
4	2	1	6	8	3	5	7	9
5	6	8	2	9	7	3	4	1
6	9	4	3	7	2	8	1	5
1	3	7	5	4	8	9	6	2
8	5	2	1	6	9	7	3	4
7	1	5	9	2	6	4	8	3
9	4	6	8	3	1	2	5	7
2	8	3	7	5	4	1	9	6

Puzzle 56

6	9	3	1	4	8	5	2	7
8	4	7	9	2	5	3	1	6
1	5	2	6	3	7	8	9	4
3	8	1	7	9	4	2	6	5
4	7	6	2	5	1	9	3	8
5	2	9	3	8	6	4	7	1
9	1	4	5	6	2	7	8	3
7	3	5	8	1	9	6	4	2
2	6	8	4	7	3	1	5	9

Puzzle 57

5	2	8	3	4	9	1	7	6
4	1	6	8	5	7	3	9	2
7	3	9	2	1	6	5	8	4
3	6	5	9	2	8	4	1	7
2	8	1	4	7	3	6	5	9
9	4	7	1	6	5	8	2	3
8	7	3	6	9	1	2	4	5
1	9	2	5	3	4	7	6	8
6	5	4	7	8	2	9	3	1

Puzzle 58

3	7	5	2	4	8	1	9	6
4	6	2	9	1	7	3	8	5
8	9	1	3	5	6	7	2	4
2	1	7	8	6	3	5	4	9
6	4	3	5	7	9	2	1	8
9	5	8	1	2	4	6	3	7
5	3	4	7	8	2	9	6	1
7	8	9	6	3	1	4	5	2
1	2	6	4	9	5	8	7	3

Puzzle 59

3	7	4	8	6	2	1	5	9
8	5	1	4	7	9	3	6	2
6	9	2	3	5	1	4	7	8
2	6	5	1	9	3	7	8	4
7	4	9	5	2	8	6	1	3
1	8	3	6	4	7	9	2	5
5	3	8	9	1	6	2	4	7
4	2	6	7	3	5	8	9	1
9	1	7	2	8	4	5	3	6

Puzzle 60

4	1	8	5	2	6	3	9	7
3	2	7	9	8	4	1	6	5
5	9	6	7	3	1	8	2	4
2	5	3	1	7	8	6	4	9
7	8	9	4	6	3	5	1	2
1	6	4	2	9	5	7	3	8
8	4	2	6	1	7	9	5	3
6	3	5	8	4	9	2	7	1
9	7	1	3	5	2	4	8	6

Puzzle 61

5	7	4	8	9	1	6	2	3
9	3	2	4	6	5	1	8	7
8	1	6	7	3	2	5	4	9
4	8	3	1	7	6	2	9	5
7	6	9	2	5	3	8	1	4
2	5	1	9	8	4	7	3	6
1	2	7	5	4	9	3	6	8
6	9	5	3	2	8	4	7	1
3	4	8	6	1	7	9	5	2

Puzzle 62

8	6	4	9	5	1	2	3	7
1	9	7	3	4	2	6	8	5
3	5	2	6	7	8	9	4	1
9	4	8	2	6	5	7	1	3
5	7	3	1	9	4	8	2	6
2	1	6	7	8	3	5	9	4
7	3	1	8	2	6	4	5	9
4	8	9	5	3	7	1	6	2
6	2	5	4	1	9	3	7	8

Puzzle 63

3	4	8	6	9	5	2	7	1
7	9	6	2	3	1	4	8	5
2	5	1	8	7	4	3	6	9
1	3	5	9	4	7	6	2	8
9	8	4	3	6	2	5	1	7
6	7	2	5	1	8	9	3	4
5	2	9	7	8	3	1	4	6
8	1	3	4	5	6	7	9	2
4	6	7	1	2	9	8	5	3

Puzzle 64

6	1	4	5	2	8	9	7	3
9	8	7	4	6	3	5	2	1
2	5	3	7	1	9	4	8	6
7	3	9	1	8	4	6	5	2
8	6	2	3	9	5	1	4	7
1	4	5	6	7	2	3	9	8
5	7	6	8	4	1	2	3	9
4	9	1	2	3	7	8	6	5
3	2	8	9	5	6	7	1	4

Puzzle 65

9	2	7	6	4	1	3	8	5
4	1	3	5	9	8	7	6	2
6	5	8	7	3	2	1	9	4
7	4	1	8	2	6	9	5	3
8	3	5	4	1	9	2	7	6
2	6	9	3	5	7	4	1	8
1	9	6	2	8	4	5	3	7
3	8	2	1	7	5	6	4	9
5	7	4	9	6	3	8	2	1

Puzzle 66

6	8	7	4	1	3	2	5	9
3	2	5	7	8	9	4	1	6
9	1	4	2	6	5	7	3	8
8	3	2	5	9	4	1	6	7
5	4	1	8	7	6	9	2	3
7	9	6	3	2	1	8	4	5
2	6	9	1	5	8	3	7	4
4	7	8	6	3	2	5	9	1
1	5	3	9	4	7	6	8	2

Puzzle 67

1	3	9	8	6	4	7	5	2
7	6	2	1	5	3	4	9	8
4	8	5	2	7	9	1	6	3
3	7	8	5	9	6	2	1	4
2	4	6	7	3	1	5	8	9
9	5	1	4	8	2	3	7	6
5	9	7	3	4	8	6	2	1
6	2	4	9	1	7	8	3	5
8	1	3	6	2	5	9	4	7

Puzzle 68

4	1	7	2	3	5	9	6	8
3	9	5	4	6	8	1	7	2
8	2	6	7	9	1	3	5	4
1	8	4	5	2	6	7	9	3
7	5	2	9	8	3	4	1	6
6	3	9	1	7	4	8	2	5
5	6	8	3	1	7	2	4	9
9	4	1	8	5	2	6	3	7
2	7	3	6	4	9	5	8	1

Puzzle 69

5	4	2	6	8	7	3	1	9
9	3	6	4	1	5	7	8	2
1	7	8	2	9	3	5	4	6
3	8	7	9	2	4	6	5	1
2	5	1	7	6	8	9	3	4
4	6	9	3	5	1	8	2	7
7	9	5	1	3	2	4	6	8
8	2	4	5	7	6	1	9	3
6	1	3	8	4	9	2	7	5

Puzzle 70

3	1	5	8	6	2	7	4	9
8	2	4	9	7	3	5	1	6
9	7	6	5	1	4	2	8	3
5	4	1	6	8	9	3	2	7
7	9	3	4	2	1	8	6	5
6	8	2	7	3	5	4	9	1
4	5	8	1	9	7	6	3	2
2	6	9	3	5	8	1	7	4
1	3	7	2	4	6	9	5	8

Puzzle 71

7	2	4	5	3	6	9	8	1
5	6	9	8	1	4	3	7	2
1	3	8	7	9	2	5	4	6
9	7	1	4	8	3	2	6	5
2	8	5	6	7	9	1	3	4
6	4	3	1	2	5	8	9	7
3	1	6	9	5	7	4	2	8
8	9	7	2	4	1	6	5	3
4	5	2	3	6	8	7	1	9

Puzzle 72

4	6	5	3	7	9	1	2	8
8	9	3	1	2	5	4	6	7
2	7	1	4	6	8	5	3	9
1	8	9	5	3	4	2	7	6
6	4	7	9	8	2	3	1	5
5	3	2	7	1	6	9	8	4
3	1	4	6	9	7	8	5	2
7	5	8	2	4	1	6	9	3
9	2	6	8	5	3	7	4	1

Puzzle 73

1	5	9	4	6	3	8	2	7
3	2	6	5	8	7	4	9	1
8	7	4	1	9	2	3	6	5
9	3	2	8	5	1	6	7	4
7	4	1	9	3	6	5	8	2
5	6	8	2	7	4	1	3	9
2	9	5	3	1	8	7	4	6
4	8	7	6	2	5	9	1	3
6	1	3	7	4	9	2	5	8

Puzzle 74

6	2	8	7	1	9	4	3	5
1	7	5	8	3	4	6	9	2
3	9	4	5	2	6	1	7	8
8	3	1	2	4	7	5	6	9
9	6	7	3	8	5	2	4	1
5	4	2	9	6	1	7	8	3
2	5	6	4	9	3	8	1	7
7	1	3	6	5	8	9	2	4
4	8	9	1	7	2	3	5	6

Puzzle 75

3	7	4	6	1	9	2	5	8
5	2	9	7	8	4	6	1	3
8	1	6	5	2	3	9	4	7
4	9	1	2	7	5	3	8	6
7	6	8	9	3	1	5	2	4
2	3	5	8	4	6	7	9	1
6	4	7	1	9	2	8	3	5
9	5	3	4	6	8	1	7	2
1	8	2	3	5	7	4	6	9

Puzzle 76

1	7	9	5	6	2	4	3	8
8	2	4	3	1	9	5	6	7
5	3	6	4	7	8	1	2	9
2	9	8	1	5	3	6	7	4
6	4	3	8	9	7	2	1	5
7	1	5	2	4	6	8	9	3
9	8	1	6	3	5	7	4	2
3	6	2	7	8	4	9	5	1
4	5	7	9	2	1	3	8	6

Puzzle 77

1	8	2	3	7	5	6	9	4
4	5	3	8	9	6	2	7	1
7	9	6	1	2	4	3	8	5
6	1	9	2	4	3	7	5	8
3	4	5	6	8	7	1	2	9
8	2	7	9	5	1	4	3	6
5	6	4	7	3	8	9	1	2
2	3	1	5	6	9	8	4	7
9	7	8	4	1	2	5	6	3

Puzzle 78

7	8	9	4	6	5	1	3	2
2	1	4	8	9	3	5	6	7
5	6	3	2	7	1	8	4	9
6	3	7	1	4	2	9	8	5
4	2	8	7	5	9	3	1	6
1	9	5	6	3	8	7	2	4
8	7	1	9	2	6	4	5	3
3	4	6	5	8	7	2	9	1
9	5	2	3	1	4	6	7	8

Puzzle 79

2	5	9	4	1	6	3	8	7
6	7	8	2	5	3	9	4	1
1	4	3	8	7	9	2	5	6
8	3	7	9	2	1	4	6	5
5	9	1	3	6	4	7	2	8
4	6	2	5	8	7	1	9	3
3	8	5	7	9	2	6	1	4
7	2	6	1	4	5	8	3	9
9	1	4	6	3	8	5	7	2

Puzzle 80

5	4	9	7	3	1	6	2	8
8	3	1	4	2	6	9	7	5
6	7	2	8	5	9	4	1	3
3	6	7	2	1	8	5	4	9
2	9	8	6	4	5	1	3	7
1	5	4	3	9	7	2	8	6
9	2	3	5	8	4	7	6	1
4	1	6	9	7	3	8	5	2
7	8	5	1	6	2	3	9	4

Puzzle 81

8	4	1	6	3	2	5	9	7
5	3	2	7	9	4	8	6	1
9	7	6	5	8	1	3	4	2
4	1	9	8	5	3	7	2	6
6	5	7	2	4	9	1	8	3
3	2	8	1	6	7	4	5	9
2	6	3	4	7	5	9	1	8
1	9	5	3	2	8	6	7	4
7	8	4	9	1	6	2	3	5

Puzzle 82

4	7	1	9	6	3	8	2	5
8	3	9	2	4	5	6	1	7
2	6	5	7	1	8	3	4	9
3	2	7	1	8	6	5	9	4
9	1	4	5	3	7	2	6	8
5	8	6	4	2	9	1	7	3
6	9	3	8	7	1	4	5	2
1	5	2	3	9	4	7	8	6
7	4	8	6	5	2	9	3	1

Puzzle 83

5	6	1	3	4	7	2	9	8
8	9	4	6	2	5	7	1	3
3	7	2	8	1	9	6	5	4
9	8	7	2	5	6	3	4	1
1	5	6	4	8	3	9	7	2
2	4	3	7	9	1	8	6	5
7	1	8	5	6	2	4	3	9
4	3	9	1	7	8	5	2	6
6	2	5	9	3	4	1	8	7

Puzzle 84

6	4	2	5	8	7	1	3	9
5	1	8	9	2	3	4	6	7
3	7	9	6	1	4	8	2	5
8	6	4	3	5	9	2	7	1
1	3	5	7	4	2	6	9	8
2	9	7	1	6	8	5	4	3
4	8	3	2	7	5	9	1	6
7	2	6	8	9	1	3	5	4
9	5	1	4	3	6	7	8	2

Puzzle 85

2	8	6	1	9	7	5	4	3
4	7	3	5	6	2	8	9	1
1	9	5	3	4	8	7	6	2
3	2	7	6	5	9	1	8	4
8	6	4	7	2	1	3	5	9
9	5	1	4	8	3	6	2	7
5	1	2	8	3	4	9	7	6
6	3	9	2	7	5	4	1	8
7	4	8	9	1	6	2	3	5

Puzzle 86

2	8	3	5	9	6	4	7	1
4	7	1	2	3	8	6	9	5
5	9	6	1	7	4	8	2	3
7	6	2	3	4	9	5	1	8
9	1	4	8	5	7	2	3	6
3	5	8	6	1	2	9	4	7
1	4	5	9	8	3	7	6	2
6	3	7	4	2	5	1	8	9
8	2	9	7	6	1	3	5	4

Puzzle 87

2	1	5	7	9	3	6	8	4
8	9	3	6	2	4	7	1	5
6	7	4	5	8	1	9	2	3
1	5	9	3	4	8	2	7	6
4	8	2	1	7	6	3	5	9
7	3	6	9	5	2	8	4	1
5	6	1	2	3	7	4	9	8
9	4	7	8	6	5	1	3	2
3	2	8	4	1	9	5	6	7

Puzzle 88

9	1	8	7	6	2	3	4	5
6	7	4	8	3	5	1	2	9
3	5	2	4	1	9	7	8	6
4	9	6	1	8	3	2	5	7
7	2	3	5	9	4	6	1	8
5	8	1	2	7	6	4	9	3
1	3	5	6	2	8	9	7	4
8	6	7	9	4	1	5	3	2
2	4	9	3	5	7	8	6	1

Puzzle 89

4	2	1	9	3	8	6	7	5
7	9	5	4	2	6	3	8	1
8	6	3	5	1	7	4	2	9
5	3	7	2	9	4	1	6	8
9	8	4	1	6	3	2	5	7
6	1	2	7	8	5	9	4	3
2	7	6	3	5	1	8	9	4
1	5	9	8	4	2	7	3	6
3	4	8	6	7	9	5	1	2

Puzzle 90

9	2	8	5	6	3	1	4	7
3	6	5	4	7	1	8	2	9
4	1	7	9	8	2	5	3	6
6	5	3	7	1	4	9	8	2
7	4	2	3	9	8	6	1	5
8	9	1	6	2	5	3	7	4
5	3	9	1	4	7	2	6	8
1	8	4	2	5	6	7	9	3
2	7	6	8	3	9	4	5	1

Puzzle 91

2	1	3	6	4	7	5	9	8
6	5	4	3	8	9	1	7	2
8	9	7	1	5	2	4	6	3
9	4	8	2	7	6	3	1	5
1	3	5	4	9	8	6	2	7
7	2	6	5	1	3	8	4	9
4	6	9	8	2	5	7	3	1
5	7	1	9	3	4	2	8	6
3	8	2	7	6	1	9	5	4

Puzzle 92

1	9	6	8	4	7	3	2	5
2	7	3	1	5	9	4	8	6
8	4	5	6	3	2	1	9	7
3	2	9	4	6	5	7	1	8
7	5	8	2	9	1	6	3	4
4	6	1	3	7	8	2	5	9
9	8	2	7	1	4	5	6	3
6	1	4	5	8	3	9	7	2
5	3	7	9	2	6	8	4	1

Puzzle 93

3	5	9	7	4	1	6	2	8
6	2	7	3	8	5	4	9	1
1	4	8	9	2	6	7	3	5
4	3	1	8	9	7	5	6	2
7	9	5	1	6	2	3	8	4
2	8	6	5	3	4	1	7	9
9	6	4	2	5	3	8	1	7
5	7	2	6	1	8	9	4	3
8	1	3	4	7	9	2	5	6

Puzzle 94

8	6	9	3	2	5	4	1	7
2	5	3	1	7	4	8	9	6
7	4	1	6	8	9	3	5	2
6	8	7	4	5	1	9	2	3
3	1	4	9	6	2	5	7	8
5	9	2	8	3	7	1	6	4
1	2	6	5	4	3	7	8	9
9	3	8	7	1	6	2	4	5
4	7	5	2	9	8	6	3	1

Puzzle 95

6	3	4	2	9	8	7	5	1
2	9	5	1	7	4	3	6	8
1	7	8	5	6	3	9	2	4
7	6	1	3	5	9	4	8	2
5	2	3	4	8	7	6	1	9
8	4	9	6	1	2	5	3	7
9	5	7	8	3	1	2	4	6
4	8	6	7	2	5	1	9	3
3	1	2	9	4	6	8	7	5

Puzzle 96

1	9	3	5	4	7	6	2	8
4	7	8	9	6	2	1	3	5
2	6	5	8	3	1	9	7	4
3	8	9	2	7	6	4	5	1
5	2	6	4	1	8	3	9	7
7	4	1	3	9	5	8	6	2
9	1	2	6	5	4	7	8	3
6	5	4	7	8	3	2	1	9
8	3	7	1	2	9	5	4	6

Puzzle 97

7	6	8	2	4	9	3	1	5
3	5	2	6	7	1	4	8	9
1	9	4	3	8	5	7	6	2
6	7	9	1	5	3	8	2	4
8	3	1	4	2	6	5	9	7
2	4	5	8	9	7	6	3	1
5	2	7	9	3	8	1	4	6
9	8	6	5	1	4	2	7	3
4	1	3	7	6	2	9	5	8

Puzzle 98

1	4	3	5	9	6	8	2	7
7	8	9	2	3	4	1	5	6
2	6	5	7	1	8	4	9	3
6	3	7	4	2	1	5	8	9
8	9	2	6	5	3	7	1	4
4	5	1	9	8	7	3	6	2
9	2	4	8	7	5	6	3	1
5	1	6	3	4	2	9	7	8
3	7	8	1	6	9	2	4	5

Puzzle 99

4	6	3	1	5	2	8	9	7
7	1	8	3	9	4	5	6	2
2	9	5	6	7	8	4	1	3
6	8	1	2	3	5	9	7	4
9	7	2	4	8	6	1	3	5
3	5	4	7	1	9	2	8	6
1	2	6	8	4	7	3	5	9
8	4	9	5	6	3	7	2	1
5	3	7	9	2	1	6	4	8

Puzzle 100

8	3	1	7	5	9	4	6	2
9	7	2	1	4	6	3	5	8
5	4	6	3	8	2	9	7	1
1	8	7	4	6	5	2	9	3
3	5	9	2	1	7	6	8	4
6	2	4	9	3	8	7	1	5
7	9	3	5	2	1	8	4	6
2	1	8	6	9	4	5	3	7
4	6	5	8	7	3	1	2	9